EXPOSITION

D'UNE

NOUVELLE DOCTRINE

SUR

LA MÉDECINE DES CHEVAUX.

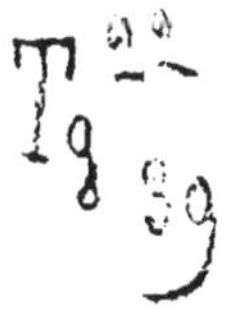

Cet ARCANE presque divin (un moyen capable, non-seulement de guérir, mais même de prévenir la morve), s'il existoit, mériteroit qu'on élevât des autels à son inventeur.

LAFOSSE, Cours d'Hippiatr.

EXPOSITION
D'UNE
NOUVELLE DOCTRINE
SUR
LA MÉDECINE DES CHEVAUX,

Offrant les moyens de prévenir avec certitude, de guérir malgré leur violence ou leur malignité, des maladies qui avoient toujours passé pour des fléaux, quasi nécessaires, insurmontables, parce que l'origine et le caractère en étoient voilés à tous les yeux;

Par PIERRE-MARIE CRACHET, Médecin de l'université de Montpellier.

MÉMOIRE composé sur les notes d'observation de ROBERT CRACHET, son Père, de son vivant Maréchal et Laboureur à Nielles-lez-Bléquin, près de Saint-Omer.

Prix 25 sous.

A PARIS,

Chez { CROULLEBOIS, rue des Mathurins, n°. 32.
AUBRY, au cabinet Bibliographique, rue de la Monnoie, n°. 5.

DE L'IMPRIMERIE DE DIDOT JEUNE.

L'an 2e. de la République.

Le mémoire suivant n'est qu'une partie détachée d'un ouvrage plus considérable, que j'ai composé également sur les notes d'observation vétérinaire laissées par feu mon père.

Cet ouvrage, devant être utile à raison des résultats nouveaux, de plusieurs découvertes majeures qui y sont consignées, est de nature à l'être beaucoup encore sous un autre point de vue, bien cher à mon cœur comme villageois.

J'ai tâché, en effet, de le mettre à la portée des habitans des campagnes, et de faire ensorte qu'il devienne à l'économie rurale, ce qu'a été à la médecine populaire l'avis au peuple sur sa santé du médecin Tissot; je veux dire, une époque précieuse d'où dateroit le plus grand avantage des agriculteurs, et de là, l'avancement de l'agriculture, qui en est toujours la suite.

Le titre, dans son étendue, peut en faire connoître la nature et l'objet, le voici : « Le *Vétérinaire rustique*, ou Instructions populaires concernant les principales maladies des chevaux, des vaches, des brebis et des cochons ; avec la manière de connoître, de traiter et de guérir plusieurs de ces maladies, qui, par le voile dont elles se sont jusqu'ici couvertes, par l'incurabilité qu'on leur a toujours supposée, par la fréquence et l'universalité de leur invasion, et par la violence ou la malignité de leur marche, intéressent essentiellement l'économie publique. »

Mon but est de le faire adopter par l'Assemblée Nationale, pour être imprimé aux frais de la nation, envoyé aux départemens, répandu et distribué gratuitement dans les campagnes.

Ne tendant à rien moins, sous les intéressans rapports de sa double utilité que je viens d'envisager, qu'à épargner chaque année des millions à la France, il fixera sans doute l'attention des Représentans des Français, des dépositaires du bonheur et de la prospérité de la République, et, en abandonnant sous leur justice cet héritage littéraire défriché de mes mains, je n'aurai fait que suivre leurs principes, qu'obéir à leurs intentions.

En conséquence, le 23 juin 1792, d'après les lois relatives aux découvertes utiles à l'avancement des arts, muni des certificats et instructions nécessaires des corps Administratifs de mon domicile, j'ai confié mon manuscrit au Ministre de l'Intérieur, pour être soumis à un jugement légal.

Le Ministre m'a promis des attentions propices de sa part, en présence de Lequinio, député, qui étoit avec moi.

Il l'avoit fait passer, le 4 juillet suivant, au bureau de consultation des arts et métiers.

Le bureau de consultation, ou le président, en son nom, avoit le même jour, nommé trois commissaires examinateurs; savoir, Hallé, Parmentier et Silvestre : Parmentier, dont le nom rappelle un des nourriciers du Peuple.

Ces Commissaires s'étoient chargés du manuscrit.

Revenu à Paris au mois d'octobre, je les en trouvai dépositaires.

Ils ont fait deux rapports, l'un le 7 novembre, l'autre le 29 mai de cette année.

PREMIER RAPPORT.

« On a proposé dans la dernière séance, « d'accorder un secours au Citoyen Cra- « chet, auteur infortuné d'un ouvrage « populaire sur la médecine vétérinaire, « pour l'impression duquel il demande les « avantages que la loi promet aux auteurs « d'ouvrages utiles à l'avancement des arts.

« On a douté, non-seulement que le « jugement d'un pareil ouvrage appartînt « au bureau de consultation, mais même « que l'auteur pût être mis dans la classe « de ceux auxquels le bureau de consulta- « tion a droit d'accorder des secours aux « termes de la loi. On a renvoyé cette « question comme question de compé- « tence, à l'assemblée d'aujourd'hui, parce « que la dernière s'est trouvée trop peu « nombreuse au moment où la question a « été proposée. Voici quelles sont les rai- « sons qui pourroient rendre le bureau fa- « vorable au Citoyen Crachet.

« L'ouvrage qu'il offre est le fruit des « travaux de son père, aux services duquel

« le Département du Pas-de-Calais rend « un témoignage honorable, fondé sur la « notoriété publique. Entraîné par l'ascen- « dant d'un goût dominant, il avoit aban- « donné une forge qui faisoit la base de sa « fortune, pour se livrer à une étude peu « lucrative, à laquelle il a fait de grands « sacrifices dans l'intention de se rendre « utile, et où il a trouvé le sort trop ordi- « naire des hommes utiles, l'infortune.

« Voici dans quels termes ce Départe- « ment s'exprime au sujet de M. Crachet « père : »

« Certifions que Robert Crachet, quoiqu'il « n'ait eu d'autre éducation que l'éducation « villageoise, d'autre guide dans l'art d'observer « que la nature et son jugement, passoit pour « avoir acquis une expérience consommée, des « connoissances nouvelles sur les maladies des « animaux domestiques, notamment qu'il « semble, d'après la notoriété publique, qu'il « savoit prévenir et guérir la morve des che- « vaux; et que, entraîné à la pratique de l'art « vétérinaire par un goût tellement vif qu'il « lui avoit fait fermer sa forge, ressource uni- « que et suffisante dans sa condition, et très-

« peu payé de ses démarches et de ses soins « dans cette nouvelle carrière, il s'est vu suc- « cessivement obéré dans ses affaires, et au « point que lui et sa femme, d'un bien d'une « quarantaine de mesures de terre qu'ils possé- « doient, n'ont laissé que trois mesures à leur « mort pour le patrimoine de deux enfans. »

« Voici ce que disent les Administra- « teurs du même département, touchant « le fils : »

« Certifions enfin que tout le temps qu'a dû « employer Pierre-Marie Crachet à former « son ouvrage d'après les mémoires de son père, « et que tout celui qu'il devroit encore passer « à l'occasion de cet ouvrage jusqu'à ce qu'il « paroisse, il n'a pu et ne pourroit subsister « que d'une manière précaire, vu la pénurie « de ses moyens actuels. »

« A l'égard de l'ouvrage, nous n'en « porterons pas un jugement qui n'appar- « tient qu'au temps, à l'expérience et aux « suffrages des artistes ; et même, si l'on « exigeoit que nous donnassions à ce sujet « quelques présomptions, nous aurions « besoin d'un plus long temps pour les re-

« cueillir de la comparaison des ouvrages « du même genre, et de l'avis des per- « sonnes plus instruites que nous dans ces « matières.

« Cependant nous croyons pouvoir dire « que cet ouvrage, si l'on en excepte quel- « ques pratiques populaires rapportées « plutôt historiquement que dogmatique- « ment, nous a paru traité avec raison, « simplicité, clarté, et même avec quel- « que philosophie, et un éloignement re- « marquable des préjugés qui, dans cette « partie, n'ont que trop infecté l'art sous le « nom de l'expérience.

« Un des objets auquel l'auteur attache « le plus de prix, et qui en mériteroit réel- « ment, si l'expérience se trouvoit d'accord « avec ce qu'il annonce, est le traitement « préservatif et curatif d'une maladie ré- « putée incurable, appelée vulgairement « *morve*, et à laquelle il préfère donner le « nom composé de *courbature maligne et* « *contagieuse*. Peu de personnes seront « peut-être disposées à croire à de tels suc- « cès. Cependant, si les conjectures pou-

« voient suppléer l'expérience, nous ose-
« rions croire que quelques analogies
« semblent favoriser les assertions du ci-
« toyen Crachet. Et où l'épreuve de sa mé-
« thode pourroit aisément se faire? Dans
« les écuries de la cavalerie nationale. L'o-
« pium fait la base du traitement qu'il pro-
« pose; mais ce n'est pas ici le lieu de dis-
« cuter ce qu'il peut y avoir de neuf ou de
« réel dans cette méthode.

« Nous prions le bureau de décider,

« 1 . Si le citoyen Crachet fils est dans
« le cas de la loi relativement aux sommes
« destinées au soulagement des artistes ;

« 2°. Si l'ouvrage du citoyen Crachet est
« du nombre de ceux sur lesquels le bureau
« peut définitivement donner un avis
« motivé ;

3°. Dans le cas où le bureau ne le juge-
« roit pas de sa compétence, s'il seroit à
« propos d'engager le ministre à donner à
« l'auteur d'autres juges, et des moyens de
« prouver par des expériences suffisantes,
« la vérité de ses assertions, et l'utilité de
« la publication de son traité.

« A l'égard du premier article, nous ne « voyons pas pourquoi un artiste malheu- » reux, qui présente des témoignages ho- « norables, qui attestent l'utilité de ses « travaux, qui ont plongé sa famille et lui « dans l'infortune, ne recevroit pas un se- « cours qui, malheureusement, sera tou- « jours au-dessous de ses besoins, et qu'il « ne peut recevoir d'aucun autre établisse- « ment légal.

« Pour le second objet, il nous paroît « difficile que le bureau s'occupe de tout ce « qui concerne la partie conjecturale de la « médecine tant humaine que vétérinaire.

« Pour ce qui est de la troisième ques- « tion, comme un grand nombre de citoyens « et d'artistes utiles, notamment ceux qui « s'occupent de l'avancement des sciences « physiques et naturelles, se trouvent sans « tribunal et sans récompenses, est-il en- « tièrement étranger aux fonctions du bu- « reau de consultation, de fixer l'attention « du gouvernement sur un objet important « qui manque à la loi sur les récompenses « nationales ? »

SECOND RAPPORT.

« Le bureau de consultation, lorsque « nous lui avons présenté nos réflexions sur « l'ouvrage du Citoyen Crachet, en lui ac- « cordant un secours provisoire, a ajourné « deux autres questions, que nous lui avions « soumises en même temps.

« La première étoit une question de « compétence; elle a été décidée. Les ou- « vrages relatifs à la médecine ayant été « regardés comme étrangers à la compé- « tence du bureau de consultation, celui « du Citoyen Crachet concernant la mé- « decine vétérinaire et particulièrement le « traitement de la morve, se trouve né- « cessairement hors de la sphère qui lui « est attribuée.

« La deuxième étoit, dans le cas où la « première seroit ainsi décidée, si, en ren- « voyant l'ouvrage au Ministre de l'Inté- « térieur, on y joindroit la recommandation « de faire examiner, par des commissaires « compétens, la réalité des succès qu'il « annonce dans le traitement d'une maladie « désastreuse, et réputée incurable.

« L'importance de cet objet, quinze années d'expériences assidument continuées par son père, une espèce de notoriété publique constatée par les témoignages honorables des Administrateurs du Département du Pas-de-Calais, les talens qu'annonce dans le fils, encore très-jeune, la rédaction de cet ouvrage, nous font croire que le bureau peut inviter le Ministre à le soumettre à l'examen des Artistes instruits dans l'art vétérinaire.

« L'absence de ce Citoyen nous a fait différer de renouveler au bureau cette proposition, qui peut avoir pour lui des suites plus avantageuses, aujourd'hui qu'il est de retour, et qu'il sera à portée de suivre le sort de sa production, à laquelle il se propose de faire encore de nombreuses corrections. »

Extrait des registres des procès-verbaux du bureau de consultation des arts et métiers.

Séance du 29 mai 1793, l'an deuxième de la République.

« Les commissaires du Citoyen Crachet font un nouveau rapport sur cet artiste. Ils

« persistent à penser que l'ouvrage du Citoyen « Crachet sur les maladies des chevaux et « autres animaux, n'est pas de la compétence « du Bureau, mais qu'il mérite d'être recom- « mandé au Ministre. En conséquence, le Bu- « reau décide que l'ouvrage du Citoyen Cra- « chet sera envoyé au Ministre de l'Intérieur, « avec une lettre pour l'inviter à le soumettre « à l'examen des artistes instruits dans l'art « vétérinaire.

BERTHOLLET, Président.
A. L. MILLIN, Secrétaire.

Le sujet de l'ouvrage dont je sollicite la publication aux frais du trésor public et la distribution gratuite dans les campagnes, n'a pas seulement coûté à mon Père le renversement d'une fortune de vingt mille livres, et la perte des avantages journaliers qu'il pouvoit retirer en restant à sa forge. Ses démarches multipliées auprès des Etats d'Artois, de l'Intendant de la Province, du Ministre de la guerre et du Roi, pour obtenir les moyens de donner une notoriété légale à ses observations, et de les transmettre sans retard au profit de l'utilité générale, voyant qu'elles étoient vaines;

voyant que de nouvelles le seroient toujours sous l'insouciance d'un gouvernement arbitraire, le désespoir s'empara de son ame, son esprit s'en ressentit, et, s'il lui resta dans le cœur, dans ce cœur ulcéré, flétri, mais qui s'apercevoit dans sa dignité propre, s'il lui resta la conscience du bien qu'il pouvoit faire, et s'il voulut fièrement en appeler à la postérité pour le réaliser, cette conscience du génie, cet appel de l'héroïsme, mirent le comble à ses désastres.

C'est en effet en ordonnant méthodiquement dans sa tête comme il le pouvoit, et consignant sur le papier à sa manière l'état de ses connoissances acquises, que mon père mourut, par la nature et par l'excès d'un travail qui ne pouvoit pas lui convenir.

Ma situation a jusqu'ici rapidement marché en conformité malheureuse avec celle de mon père. Il m'avoit remis ses mémoires. Étudiant en médecine, une lecture que j'en fis me frappa, par la nouveauté, le naturel et la simplicité des observations importantes que j'y lisois. Depuis lors, le sentiment de leur excellence a absorbé chez moi tous autres sentimens. Et mon émulation pour l'art de guérir, et l'intérêt de mon établissement, et ceux même de ma subsistance, de ma santé, et de ma réputation, tout fut évanoui devant ce sentiment irrésistible et dominateur.

C'est ainsi que depuis près de quatre années délaissant la médecine que j'exercerois maintenant avec fruit, je me suis appliqué tout entier à vérifier les principes de mon père, à en composer mon ouvrage, au milieu de la nécessité successive d'accumuler dettes sur dettes, au milieu de soupçons répandus sur mon compte de ce que, disoit-on, je consumois dans une inutile solitude un temps que je devois passer dans l'activité de mon état, au milieu des poisons de la calomnie vomis à grands flots contre moi par des malveillans, même par des proches, même par un frère, et dans le délabrement d'une constitution amené par toutes ces secousses physiques et morales.

Les deux rapports des commissaires du bureau de consultation, quoique pleins d'une bienveillance qui m'est chère autant que glorieuse, ne rendent pas, comme on voit, cette situation meilleure; ils ne font que me laisser au point où j'étois au 23 juin 1792. Cependant, lorsque je m'adressai au Ministre, j'avois, comme je l'ai déjà dit, les pièces requises de la Municipalité, du District et du Département de mon domicile. Je suivois donc la marche constitutionnelle ascendante pour arriver au corps législatif; j'étois donc en règle avec la loi. Je n'aurois pas cru que cette providence du citoyen pût être désormais un instant muette pour aucun Français. Terrier devoit, d'office, me nommer des juges compétens, ou, si cela n'avoit pas été dans les fonctions de son ministère, recourir aux législateurs pour m'en faire avoir; il a tout négligé. Ainsi sous le despotisme sanctifié par la constitution, des ministres pervers, parce qu'une philosophie qui contrarioit leurs vues liberticides présidoit à la confection des lois, tâchoient, en ne les exécutant point à dessein, de les mettre au rang des abstractions métaphysiques. Mais je suis, pour m'exprimer de la sorte, dans les mains du gouvernement. Or, on ne peut pas toujours me laisser au même point. Je ne murmure pas contre la Patrie, mais j'observerai que, pour conduire mon père au Panthéon, il ne faut pas, moi, que j'aille mourir à l'hôpital. Une des lois qui me concernent, porte, et c'est un principe dans la morale de tout gouvernement juste : « Dans « tous les cas, les gratifications seront « déterminées par la nature des services « rendus, des pertes souffertes, et d'après « les besoins de ceux auxquels elles seront « accordés. » Eh bien, que les mandataires qui sont pour appliquer ce principe de justice et de bienfaisance nationales, que les législateurs, qui sont les dépositaires suprêmes de la moralité de la nation, l'appliquent donc à mon égard ; qu'ils l'appliquent, avec sévérité dans les documens à prendre, dans les résultats à tirer, à la bonne heure, je ne suis pas un charlatan, j'aime et j'invoque la lumière, mais avec bénignité et sans longueurs comme sans distractions, je l'exige enfin par mes droits sacrés de Citoyen Français, et, pour tout dire en un mot, sous l'œil de l'opinion publique, de cette opinion vengeresse qui, chez un peuple éclairé, intègre et libre, ne laisseroit ni la vérité, ni la justice toujours en butte à l'oubli ou au mépris de l'homme en place, quel qu'il fût, ministre ou représentant.

P. S. « Soumettre à la censure juste et irréfragable de l'opinion, tout aperçu nouveau d'utilité commune, toute nouvelle découverte d'instruction ou d'industrie, me paroît être une voie bien autrement décisive pour amener des jugemens exacts sur leur compte, que celle de les soumettre à des examens particuliers, souvent fautifs. Infailliblement, par la notoriété publique, le but et les moyens s'en trouveront constatés sans erreur, appréciés sans partialité, connus sans équivoque, résultats qu'on attendroit vainement de quelque espèce que ce soit de rapports privés. Ajoutez que cette voie est de nature à dérouter sans retour l'avidité astucieuse de tant de vampires, qui ne cherchent qu'à s'alimenter du travail des autres. Ajoutez que c'est une satisfaction bien douce pour le citoyen dévoué à sa patrie, que de la faire jouir sur le champ du fruit de ses veilles. Et pourroit-il avoir lieu, ce citoyen, de se repentir de sa confiante bienfaisance? C'est demander: une nation qui se régénère, pourroit-elle être faite pour l'ingratitude? Elle ne la connoît pas; elle est reconnoissante par instinct comme par principe. Oui, oui, sous le règne de la régénération universelle, on doit se fier à la loyauté publique, et s'y fier sans réserve et sans défiance. L'ancienne France, qui mettoit en système l'oubli, je dirai mieux la persécution de ses bienfaiteurs, justifioit leur défiance. La France revivifiée, qui fait briller la couronne civique à la noble ambition des siens, accuseroit leur réserve. »

Ces réflexions, extraites du discours préliminaire de mon *Vétérinaire rustique*, montrent dans quel esprit je livre le mémoire suivant à l'impression; et je regrette que mes facultés ne m'aient pas permis de faire ainsi paroître tout l'ouvrage en même temps.

A

ROBERT CRACHET

CE MÉMOIRE,

Fruit de ses Travaux,
Sujet de ses malheurs,
Cause de sa mort,

EST DÉDIÉ,

Sous l'œil de la justice Nationale,

Par

PIERRE-MARIE CRACHET,

Son vengeur et son fils.

O mon Père, ce ne sera pas vainement que votre prédilection m'aura légué le soin d'une vengeance auguste ! *page* 39.

EXPOSITION
D'UNE
NOUVELLE DOCTRINE
SUR
LA MÉDECINE DES CHEVAUX.

Nec pigeat ex plebeis sciscitari, si quid ad curandi rationem conferre visum fuerit. Sic enim censeo artem universam fuisse commonstratam.

HIPPOCRATES, lib. de præcept.

NOTIONS ÉLÉMENTAIRES
SUR LA MORVE,

Pour servir sur-tout de préambule à la doctrine de mon Père, touchant la nouvelle classe de maladies qu'il a créée sous la dénomination de courbatures.

La morve coule, ou par exudation, ou par érosion, d'une ou de plusieurs parties internes du cheval, susceptibles de communiquer aux naseaux.

Nous n'aurons besoin de distinguer la morve qu'à raison de sa durée, et sous ce rapport, nous la divisons en morve actuelle, et en morve habituelle.

La morve actuelle est celle qui ne dure que huit ou quinze jours; la morve habituelle subsiste plusieurs mois, et plusieurs années.

La morve, prise dans l'acception naturelle du mot, est un écoulement non-ordinaire d'une humeur quelconque par les naseaux. Ainsi quand, par quelque cause et dans quelque maladie que ce soit, il s'établira par cet organe, un écoulement de cette espèce, on peut dire, proprement, que le sujet est morveux.

Il est vrai néanmoins que cette dénomination n'est vulgairement affectée qu'à ceux des chevaux qui jettent, réputés incurables. On dit de ceux que l'on présume guérissables, seulement qu'ils sont suspects de morve.

C'est abuser des termes : un cheval doit être censé morveux, dès qu'on le verra jetant quelque matière par le nez, ou de la morve.

En fixant ainsi la vraie signification de ce mot, ne voit-on pas qu'il faut le rejeter de la nomenclature des maladies? En effet, comme il désigne une chose commune à plusieurs, qui toutes diffèrent entre elles, telles que la gourme, le rhume, la morfondure, les courbatures, etc., c'est à tort qu'on lui en fait désigner une seule. En second lieu, c'est un phénomène particulier de maladie, ou seulement un de ses effets qu'il exprime; et il n'exprime point de maladie, prise dans son principe et dans son intégrité.

Mais ce n'est pas tout : cet effet, doit-on le regarder comme essentiellement funeste dans les maladies qui le produisent ?

Bien loin de-là, il ne retrace aux yeux de l'observateur de la nature, autre chose qu'un bienfait de celle-ci, par lequel les chevaux tendent à se débarrasser de différentes sortes d'affections plus ou moins pernicieuses.

L'on verra même, d'après les principes évidens de la doctrine de mon père, que toute morve, parvenue à tel point qu'on ne puisse plus espérer de la tarir, n'est jamais que la suite de quelque maladie négligée, qui se laisseroit toujours aisément guérir dans le temps, mais que l'on ne guérit pas, parce qu'on manque de lumières pour l'apercevoir alors.

Il y a plus: n'est-il pas constant que l'écoulement de la morve, dans les cas de maladies désespérées, prolonge la vie? car, que vous imaginiez dans ces cas son interruption, n'en résulteroit-il point une mort précipitée ?

Pourquoi donc dire qu'il est inoui qu'on ait guéri un cheval morveux? n'est-ce pas profaner un mot qui représente une opération salutaire de la nature? les ulcères de quelque partie communiquant aux naseaux, ces ulcères, qui sont les sources, je ne dirai pas uniques, mais les plus communes d'une morve intarissable, étant confirmés ou invétérés, sont incurables, à la bonne heure. Mais, pour parler semblablement, les médecins n'appellent pas *crachage* la pulmonie, parce que l'affection des poumons produira une expectoration abondante, des crachats purulens: ils disent d'un homme, qu'il est pulmonique, phthisique, ulcéré, ils ne diroient pas qu'il est *cracheur*. Pourquoi ne pas les imiter?

Et quand l'écoulement, dans une maladie cependant identique (1), ne se déterminera point par les naseaux, mais par la bouche, par les voies de la transpiration, par les urines ou par les selles, comment auroit-on nommé ces sortes de jets, (pardonnez l'expression), si

---

(1) Car la même maladie ne produira pas toujours également l'écoulement par les naseaux, ou la morve. La nature a plus d'une voie de décharge pour se débarrasser des impuretés qui la troublent; chaque organe dans l'animal, est à sa disposition, et, sans prédilection particulière pour celui-ci, plutôt que pour celui-là, elle ne fait que chercher son mieux-être en choisissant celui qui lui paroît le plus propice. C'est ainsi qu'a observé mon père: Hippocrate ne voyoit pas mieux.

on les eût observés ? pour mon père, il n'a point été embarrassé en les observant ; il a vu que c'est telle ou telle maladie qui les produisoit ; il n'a pas dû s'arrêter à leur chercher un nom.

Je m'explique : tout cheval qui jettera des humeurs quelconques par les naseaux, sera morveux. Mais ce terme ne doit plus mettre dans la consternation, comme ci-devant ; il s'agit de savoir distinguer de qu'elle maladie provient la morve. La maladie connue, adoptez une dénomination uniquement pour elle, dirigez votre traitement principal vers elle, et ne portez sur cette morve qu'une attention secondaire et subordonnée. Voilà la tâche que nous nous proposons de remplir, priant nos lecteurs de ne pas perdre de vue que les notions que nous avons à faire connoître, sont différentes de toutes celles qui sont communément reçues.

Avant d'entrer en matière, je crois à propos de tracer en raccourci une espèce d'historique des découvertes de mon père. Je le laisserai parler lui-même, avec l'âpre franchise du rustique villageois : je me permettrai seulement de corriger son style. Les réflexions qu'il fera, à l'occasion de quelques-uns des dégoûts qu'il a essuyés de la part de ceux qui lui devaient bienveillance et encouragement, serviront, avec les idées qui précèdent, de préliminaire à l'exposition de sa doctrine.

« La maladie que j'appelle courbature maligne et contagieuse est l'avant-coureur de celle vulgairement appelée morve, comme de beaucoup d'autres également incurables ou meurtrières. C'est cette courbature qu'il faudroit nécessairement guérir, pour garantir les chevaux de toutes ces maladies funestes. Mais comment l'auroit-on pu faire? on ne l'a pas encore connue. Ayant eu le bonheur d'être parvenu à la connoître, j'ai présenté des mémoires en différens endroits. Personne n'y a fait attention. »

« Cependant, comme j'annonçois que la morve n'est que l'effet d'une maladie réelle et distincte qui la précède toujours; que cette maladie offre une marche assez lente, assez peu assurée dans ses premiers périodes, pour pouvoir l'atteindre, la contrequarrer, l'arrêter, et par là, faire avorter l'effet malheureux qu'elle produit étant laissée à elle-même; enfin, que j'étois parvenu à ce dernier résultat: l'importance de l'objet n'étoit-il pas fait pour intéresser de bons citoyens? n'auroit-on pas dû y avoir égard? »

« On me conseilla de tourner mes sollicitations vers les états d'Artois. Je m'adressai aux députés ordinaires. Un d'eux prit la peine de m'interroger : il me demanda où étoit le siége de la morve. Je lui dis qu'un vice des humeurs engendroit les fluxions, les dépôts, les abcès et ulcères, d'où provenoit la morve; qu'il étoit, au surplus, très-souvent inutile de considérer le siége d'une maladie, pour en déterminer les indications curatives. Cette réponse déplut beaucoup à mon examinateur ; on me renvoya, et ne voilà-t-il pas que j'ai passé pour ignorant vis-à-vis MM. les députés ordinaires. »

« Mais à propos du siége de la morve, il y a des savans qui ont voulu se distinguer par leurs recherches à ce sujet ; ils ont lu des mémoires académiques, publié de longues dissertations sur cette matière ; ils ont ouvert la tête et le corps de chevaux morveux, en présence de personnes de haut parage, pour se faire applaudir sur leurs bruyantes découvertes. Mais qu'ont-ils fait de si merveilleux, après tout? en établissant le siége de la morve dans la membrane pituitaire, n'ont-ils pas commis une erreur semblable à celle d'un médecin qui prétendroit que les gencives sont le siége de l'affection scorbutique? Qu'on dise, comme moi, que des humeurs viciées et malignes forment petit à petit une fluxion à la tête ou dans le corps indistinctement, et que de là naissent les dépots, abcès et ulcères qui produisent les matières, ou la morve que les chevaux jettent; on a caractérisé la maladie en remontant à ce qui la produit, on a donné en même temps une définition propre à découvrir la méthode de traitement; car alors, si l'on se pénètre bien de l'idée qu'on doit avoir de la morve, on saura la prévenir en empêchant les abcès ou ulcères de naître, ce qu'on obtiendra par des remèdes propres à corriger le vice des humeurs, spécialement par ceux que l'expérience d'une longue pratique m'a démontré être les plus efficaces, et comme spécifiques Après cela, je laisse à juger au lecteur si ma réponse à monsieur le député ordinaire des états d'Artois étoit aussi absurde qu'il l'a bien voulu trouver, si ceux qui ont écrit sur le siége de la morve, n'ont pas travaillé vainement, pour l'objet qu'ils devoient avoir en vue. »

« Un jour en visitant, pour mon instruction, des cheveaux de cavalerie, j'en trouvai beaucoup de plusieurs régimens, attaqués de la courbature maligne et contagieuse, et parmi ceux-ci, un grand nombre étoient morveux. J'écrivis au ministre de la guerre, me faisant fort d'arrêter cette contagion en moins de six semaines dans chacun des régimens. J'ai reçu des ordres pour celui de Penthièvre, qui étoit à Hesdin. Mes succès sont connus de tous ceux qui m'ont vu pratiquer; mais je ne sais pour quelle raison (1) des offi-

(1) Je la dirai, cette raison, sans crainte comme sans ménagement. Le commandant de Penthièvre voulant s'attirer, à la revue de l'inspecteur, l'honneur de l'embonpoint inusité des chevaux du régiment, ne réussit qu'avec trop de facilité à faire à son corps ce qu'il voulut. Mais le lieutenant colonel vit bien après coup l'espèce de cabale formée contre mon père; aussi ne refusa-t-il pas de rendre témoignage à la vérité.

« Nous, lieutenant colonel du régiment de Pen-« thièvre dragon, certifions que le sieur Crachet, « maréchal ferrant du village de Nielles en Artois, « a été envoyé au régiment par les ordres de M. le « marquis de Sommierre, pour employer ses talens « à faire cesser la maladie dont les chevaux du régi-« ment étoient attaqués, dégénérée en morve. Le « sieur Crachet a effectivement traité tous les chevaux « du régiment, et cette maladie a cessé. Le sieur « Crachet m'a demandé ce certificat, que je n'ai pas « dû lui refuser, desirant se faire connoître du Mi-« nistre. En foi de quoi, je lui ai donné le présent « certificat, pour servir dans les occasions qui le « requerront. Fait à Hesdin, le 26 septembre 1783. »

« Laisné, lieutenant colonel du régiment de Penthièvre dragon. »

Ce certificat n'a rien produit. Que pouvoit contre l'intrigue la vérité nue, sur-tout à la cour? Ainsi donc, ci-devant grands, il étoit digne de votre noble ambition de supplanter même un paysan, et

ciers m'ont desservi auprès du ministère. Si, comme cela auroit dû se faire en bonne forme, on avoit établi des commissaires pour tenir chaque jour procès-verbal de mes opérations et de leurs effets, j'aurois été à l'abri de tout mauvais vouloir, et la vérité se seroit fait jour. On n'a pu s'empêcher néanmoins de reconnoître que j'avois fait du bien, et un grand bien aux chevaux. Mais pour ne pas m'attribuer la guérison de la morve, elle fut rejetée sur l'effet du hasard ; c'est-à-dire que l'on fut absurde, pour se dispenser d'être juste. Il étoit impossible à un simple paysan, disoit-on, de guérir une maladie contre laquelle les efforts réunis des plus grands maîtres n'avoient fait qu'échouer dans tous les temps. »

« Après tout, cependant, cette impossibilité n'est que prétendue. Un seul homme a souvent fait ce que tant d'autres n'avoient pu faire. Pour inventer, ou pour faire une dé-

---

d'ajouter ce moyen risible à vos autres moyens de parvenir ! Mais, s'ils ont sacrifié mon père à leur vil égoïsme, la nation, qu'ils dégradoient, vient de les sacrifier à sa dignité souveraine ; et l'heure n'est pas éloignée, dans ce jour éclatant du triomphe des droits de l'homme, où lui-même il se lèvera triomphant de la malveillance de tous ses persécuteurs. Voyez les réflexions qui terminent ce mémoire.

couverte, il faut d'abord que la pensée en vienne, et c'est souvent le hasard qui l'amènera. Or, ce hasard dispense ses dons, sans acception des personnes. Pour ma part, voici de quelle manière il m'a favorisé. Lorsque la maladie épizootique des vaches régnoit en Flandres, en Artois et en Boulonnois, pendant les années 1771, 1772 et 1773, je découvris, en observant la marche des symptômes de cette maladie, sa nature réelle et son traitement approprié. A cette même époque, beaucoup de cultivateurs de mon voisinage avoient leurs chevaux attaqués de la morve; je réfléchis et me dis en moi-même: « l'épi-« zootie des bêtes-à-cornes a échappé à toute « la sagacité des gens de l'art, et de faciles « procédés me l'ont fait connoître et guérir. « Maintenant voyons la morve, dont on dit que « c'est une maladie formidable et rebelle, « contre laquelle on n'a trouvé jusqu'à pré-« sent aucun remède curatif. — La morve « est un écoulement d'humeurs; cet écou-« lement, sans doute, demande une cause « pour être établi. Mais ne pourroit-on pas la « découvrir, cette cause, lorsqu'elle n'est « encore que possible à l'égard de la produc-« tion de son effet, et guérir l'animal avant « qu'il soit morveux, puisqu'on ne peut pas le « faire lorsqu'il l'est, ou que la morve est de « mauvais caractère ou invétérée ». — Après cet aperçu simple, et sans plus longue étude, je me transportai dans des écuries infectées de la maladie en question. Mon seul objet alors, c'étoit d'examiner comment se transmettoit l'infection à ceux qui étoient encore sains. Je reconnus que ceux-ci commençoient toujours par montrer certaines marques communes de dérangement. Ces marques étant constantes, je vis que leur ensemble formoit une maladie réelle; et, guidé je ne sais par quel instinct d'analogie plus que par voie directe de réflexion, je m'avisai d'essayer une sorte de traitement qui, à ma grande surprise, garantirent tous ces chevaux de la morve. De nouvelles expériences, et les expériences les mieux constatées, n'ont fait que me confirmer, par des succès journaliers, de plus en plus dans ma méthode, en la perfectionnant jusqu'au point où je la consignerai dans ce mémoire. Quant aux chevaux qui jettent, ils sont également attaqués de ma nouvelle maladie; il n'y a de différence que dans les degrés; et, pourvu qu'il y ait encore de la ressource, ils en guérissent par les mêmes remèdes que les autres; je n'ai jamais été humilié à en faire tuer beaucoup pour leur incurabilité. Ainsi, après le raisonnement le plus simple, une maladie dont personne n'avoit encore pu assigner l'origine, ni opérer la guérison, se trouve prévenue et guérie. »

« Il y a quinze ans (1) que cette découverte devroit être publique. C'est la satyre de gens mal-intentionnés contre moi, ou l'indifférence pour le bien dans nos administrateurs, qui en ont retardé jusqu'ici la divulgation. Mais je me croirois manquer à moi-même que de me laisser abattre par le mépris des uns, ou par les sarcasmes des autres. Ces obstacles sont trop chétifs pour décourager celui qui a le noble orgueil de se rendre utile à son pays. Tôt ou tard mes observations seront recueillies et verront le jour, et je laisse en attester l'importance et la réalité à la partie du public, juste et désintéressée, qui voudra les mettre à l'épreuve. »

DE LA COURBATURE.

On a divisé la courbature en courbature simple et en celle avec fièvre.

Un cheval fourbu, gras-fondu, ou qui a souffert de grandes douleurs, éprouve-t-il une fièvre très-aiguë? c'est là la courbature avec fièvre; et la courbature simple ou sans fièvre, n'est autre chose qu'une morfondure.

(1) Mon Père a commencé à rédiger ses observations en 1784, et y travailloit encore à sa mort arrivée en 1788 : l'année 1773 est l'époque de sa découverte.

Ceci n'est pas exact d'un côté ni de l'autre. Il est certain que la morfondure est toujours avec de la fièvre. Pourquoi donc l'appeler courbature *sans fièvre?* De l'autre part, la fourbure, la gras-fondure, les grandes douleurs n'existent point non plus sans une fièvre plus ou moins forte. Il ne faut donc pas affecter un nouveau terme à ces maladies, par la raison que la fièvre deviendra très-aiguë. Lorsqu'un mal augmente de degrés dans l'intensité de ses symptômes, son caractère n'est point pour cela changé, et dès-lors il doit rester avec son même nom.

Aussi verrez-vous que nous différons ici en tout point de l'idée commune. Même le sens que cette idée donne à la courbature, aussi bien que la division qu'elle en fait, tout nous paroît fautif: l'observation étant notre maître, nous devons la suivre, plutôt que des livres qui la copient mal.

La courbature, en général, est un dérangement dans l'économie animale, causé par tout ce qui peut pervertir la transpiration, et vicier le sang. La courbature est l'avant-coureur de toutes les maladies longues, opiniâtres, incurables, qui surviennent aux chevaux. Ainsi en la guérissant, vous aurez prévenu les ravages qu'occasionnent toutes ces maladies désastreuses. Nous avons droit de promettre que ceux qui suivront la doctrine que nous allons développer, n'en auront plus que d'accidentelles à traiter dans leurs écuries, comme des tranchées, des fourbures, etc., dont le début est brusque et souvent imprévu.

Les chevaux attaqués d'une courbature, travaillent, mangent et boivent, souvent comme à l'ordinaire. De là nous donnons prise aux objections. Comment attribuer du mal à une bête qui n'en fournit pas l'apparence? et vouloir alors la traiter, n'est-ce pas visiblement donner dans la chimère? On a dit très-souvent à mon père, quand il guérissoit un cheval courbatu, qu'il guérissoit un cheval qui n'étoit pas malade.

A cela nous répondons qu'il faut sans doute de la pratique pour reconnoître cette maladie dans les premiers temps de son invasion; mais que quand on en a une fois acquis, on en vient facilement à bout. Les symptômes, quelque cachés qu'ils soient à ce période, se laisseront apercevoir à votre œil exercé; de même, vous les verrez disparoître, lorsque vous aurez administré les remèdes convenables; quant aux incrédules, vous trouverez bien aisément à les confondre, s'ils veulent prendre la peine de suivre votre traitement. Le sang, dans la courbature, n'est jamais tel que dans la bonne disposition du corps; à la première saignée que vous ferez, il paroîtra plus ou moins altéré dans sa composition ; réitérez-la autant qu'il le faut, il redeviendra sain. Que si, d'ailleurs, on refuse de confier à vos soins des chevaux que vous aurez accusés de courbature, et cela est arrivé nombre de fois à mon père, attendez l'événement avec patience : les suites fâcheuses qui résultent souvent, tôt ou tard, de cette maladie négligée, font la gloire de l'observateur, en mettant à découvert la vérité de ses pronostics.

Au reste, si quelqu'un vouloit se récrier sur l'acception générale que nous venons de donner à la courbature, qu'il fasse attention à ce que nous allons dire. La médecine humaine appelle ainsi, un début de maladie plutôt qu'une maladie proprement dite. La médecine vétérinaire, qui est née de la médecine humaine, auroit donc tort de condamner cette acception. Nous l'étendrons à la vérité plus loin. Mais où les termes manquent, il faut bien en trouver. Les différentes espèces de courbatures n'ayant pas encore été observées, n'avoient pu encore être nommées. Mon père les observe le premier, il les nomme le premier.

Nous distinguerons trois sortes de courbatures ; savoir, la courbature simple, la courbature maligne, et la courbature maligne et contagieuse.

DE LA COURBATURE SIMPLE,

ET

DE LA COURBATURE MALIGNE.

Des chevaux courbatus au degré qui ne constituera qu'une courbature simple, en guériront souvent sans remède, par le bénéfice d'une salutaire transpiration. Mais vous auriez tort de négliger cette maladie, sous le prétexte que la nature opère toujours la guérison, car cela n'est pas vrai. Mon père a vu un nombre infini d'indispositions de cette espèce, paroissant les plus légères, auxquelles on ne faisoit pas de traitement, dégénérer en maladies fâcheuses : conséquences d'autant plus tristes, que le moindre soin, employé à temps, y eût toujours obvié.

Signes des courbatures simple et maligne.

Le premier et le seul moyen de connoître la courbature, quand elle n'est encore, pour ainsi parler, que dans son germe, le croiriez-vous ? se prend de l'inspection de la crinière. Un crin qui s'arrache au premier effort dénotoit à mon père dans l'individu où il l'observoit, quelque indisposition générale, un commencement de maladie, malgré que cela fût insensible par tout autre signe.

Il faut de l'usage pour se bien connoître à ceci. On prend une certaine quantité de crin, autant par exemple qu'il en faut pour nouer une saignée, et en tirant à soi, s'il s'arrache aisément, on a l'indice que l'on cherche.

Cet indice, non-seulement se remarque dans les circonstances que nous venons de spécifier, mais aussi dans tous les périodes des maladies, qui ont également pour cause un vice de la transpiration, ou une altération, ou une dissolution des humeurs.

Puisque c'est dire qu'il se remarque dans presque toutes les maladies, il mérite donc le plus sérieux examen.

Et pour se convaincre de sa réalité, que l'on ait traité des chevaux selon l'espèce et selon le degré de leurs affections morbifiques, le même crin qui naguère s'arrachoit de rien, on le verra tenir de manière à ne plus céder qu'à des efforts répétés.

Cette observation, facile à vérifier, qui étoit peut-être tout aussi facile à faire, mais dont la découverte appartient à mon père, cette observation est constante. Elle forme pour la plupart des cas, dans *le vétérinaire rustique*, une séméiotique nouvelle, simple et lumineuse; et connue de tous, elle peut, par les grands résultats pratiques qu'elle présente, opérer la révolution la plus favorable à la conservation des chevaux.

Puisse se réaliser bientôt cette belle perspective ! je croirai ne pas avoir inutilement passé ma jeunesse. Celui qui a recueilli et perfectionné des découvertes qui, sans lui, seroient restées méconnues, s'il n'en est pas l'inventeur, a droit de partager sa gloire, particulièrement lorsqu'il a partagé ses humiliations.

Revenons à la courbature. Lorsqu'elle a quelques degrés, les flancs sont un peu altérés ; est-elle plus avancée, ils font la corde (qui s'entend, un vide le long du ventre qui paroît et disparoît, comme par ondulations alternatives). Il y a des chevaux qui ont la toux ; le poil est souvent hérissé ; vous remarquerez toujours une fièvre lente ; la peau vient adhérente aux côtes de ceux qui maigrissent fort, et cela doit faire craindre l'étisie. Ces derniers caractères montrent que la courbature simple dégénère, ou est déja dégénérée en courbature maligne.

Traitement.

Deux saignées faites au commencement de la courbature suffisent pour la guérir. Mais si, après ces deux saignées, le cheval ne se trouvait pas rétabli, c'est signe que la maladie a déja fait des progrès. Adoptez alors le traitement de la courbature maligne et contagieuse ci-après, avec les modifications et les restrictions que voici. Si le sang est dissous, vous administrerez l'opium et le remède de la pag. 30 ; mais s'il se trouve dans l'état d'épaississement, vous vous abstiendrez fidellement de l'administration de l'opium qui seroit nuisible : il faut vous en tenir à celle du susdit remède. Si les chevaux se trouvent maigres, sans corps, et avec les flancs altérés, ajoutez à une demi-livre de ce remède, une livre de foie d'antimoine, et faites huit doses égales, dont vous donnerez une par jour. Ne négligez pas les lavemens, quand ils seront indiqués. Vous ferez avaler une demi-livre de sel commun, dissous dans une bouteille d'eau, aux chevaux qui ne boiront qu'avec peine; c'est pour les débarrasser de cette peine; c'est pour leur faire, en même-temps, reprendre du corps.

DE LA COURBATURE MALIGNE ET CONTAGIEUSE.

Il faut révéler et la chose et le moyen.
DIDEROT, interpr. de la nat.

LA morve, avons-nous dit, est un mot qui n'exprime, à proprement parler, qu'un effet de maladie, commun même à plusieurs ; aussi ne nous en servirons-nous pas pour désigner la maladie particulière qu'on désigne ordinairement par lui. Cette maladie, selon mon père, est une courbature maligne et contagieuse, parvenue à un degré déjà imminent. Si donc il vous est possible de connoître la courbature maligne et contagieuse avant qu'elle soit arrivée à ce degré, et de la guérir alors à coup sûr, vous préviendrez par là ce que vous nommez la morve. C'est ce que mon père a fait et enseigne à faire; et, après une pratique aussi heureuse que longue, il peut dire que si l'on ne réussissoit pas désormais comme lui, ce seroit faute de suivre sa méthode. Je vais développer cette méthode. On ne trouvera dans les détails où j'entrerai à ce sujet, aucun faste, aucune extension scientifique. Je n'écris pas pour faire briller des lumières, mais pour être utile. Or, ne seroit-ce pas oublier ce but, que de m'engager dans des discussions au-delà de la portée de ceux pour qui cet ouvrage est fait? « Il faut, a dit « Broussonet, parler Agriculture aux gens de « la campagne, comme le père Gérard leur « parle Constitution. » Je regarde d'ailleurs comme un devoir sacré pour moi de conserver le mieux que je pourrai, le naturel et la simplicité qui caractérisent mon original.

La courbature maligne et contagieuse provient d'un vice dans l'économie des humeurs, qui amène, plus ou moins promptement, la dissolution des principes du sang. Des travaux excessifs, des échauffemens contre nature, des nourritures mal digérées, peuvent la produire. La fréquentation avec des chevaux contagieux, la respiration d'un air infect dans des écuries pestiférées, en voilà des causes évidentes.

Cette maladie n'ôte ni l'appétit ni le courage aux animaux qui en sont attaqués. On les voit manger et boire comme en santé, et rendre encore service des années entières comme de coutume ; quelques-uns même, au bout d'un certain temps, la nature les guérit; mais la plupart dépérissent à la longue, mais de façons diverses. Les uns viennent à jeter des matières par les naseaux, par la bouche, les autres par les urines ou par les selles ; ceux-ci gros, gras et paroissant se bien porter, meurent tout à coup dans leur embonpoint trompeur ; ceux-là tombent en étisie ; un grand nombre finit par des fièvres malignes, putrides, vermineuses, causées par cette maladie ou qui en prennent le caractère. C'est aussi elle qui produit le farcin. Enfin c'est la courbature maligne et contagieuse qui est l'avant-coureur et la compagne de toutes les maladies funestes qui font de si grands ravages, et dans la cavalerie et dans des écuries particulières.

Les chevaux qu'on achète pour en remplacer d'autres morts de cette courbature, ne

manquent pas de payer le tribut à la maladie régnante de la nouvelle écurie qu'ils viennent habiter ; bien souvent même on les voit succomber dans peu, tandis que ceux qui ont déja résisté auparavant, résistent encore. Voici la raison de cette différence. Le venin de la contagion, auquel ils ne sont pas habitués, comme le sont en quelque sorte ces derniers qui le respirent depuis long-temps, ce venin, dis-je, venant à les surprendre subitement, occasionne dans les organes essentiels à la vie, une fluxion rapide et mortelle. De nouveaux, que l'on mettra à leur place, subiront par la même raison le même sort, et ainsi de suite. De là ces pertes successives et accumulées qui ruinent tant de propriétaires, pertes que la crédulité regarde comme des fléaux de Dieu, ou que l'ignorance attribue à des sortiléges, mais dont mon père fait évanouir tout le merveilleux, en en démontrant l'origine et les causes naturelles et manifestes.

Si la circulation de notre ouvrage dans les campagnes sert à détruire cette branche de la superstition, outre la jouissance que nous devons ressentir d'avoir mis les cultivateurs à même de prévenir et d'arrêter des pertes aussi malheureuses qu'elles paroissoient extraordinaires, outre cette jouissance délicieuse, nous nous réjouirons encore d'avoir éclairé la raison de nos semblables.

Signes de la courbature maligne et contagieuse.

Ces signes sont, les yeux tristes, baignés de larmes, pleins de crasse, et le crin qui s'arrache au premier effort. Mais il faut que ce dernier fait s'observe chez la plupart des chevaux de la même écurie, pour que la maladie soit réputée y être contagieuse.

Au surplus, si quelques-uns de ces chevaux sont maigres, décharnés, que la peau paroisse comme attachée sur les côtes, cela marque qu'ils sont dans l'étisie.

Aux saignemens du nez, à la tuméfaction des glandes de la ganache, vous découvrez l'intention de la nature à l'égard de ceux qu'elle destine à jeter : en un mot, ces phénomènes indiquent l'instant prochain où la morve se déclarera.

Cependant il n'arrive pas toujours des saignemens de nez aux chevaux qui sont pour devenir morveux. Les glandes de la ganache ne se tuméfient pas toujours non plus. Ces signes précurseurs manquant, il en existe d'autres, également sensibles et sûrs. Si la membrane pituitaire paroît enflammée ; ou bien si, en comprimant les naseaux comme pour arrêter la respiration, les chevaux chez qui vous aurez reconnu l'existence de notre courba-

ture semblent corner ou marquent de la douleur ; enfin, les naseaux comprimés d'une main, et la gorge de l'autre, s'ils font effort pour tousser, ou s'ils jettent des glaires par le nez ou par la bouche, vous avez, dans chacun de ces indices, de quoi prévoir la morve, qui ne tardera point à couler.

Il est ici une remarque importante à faire. Lorsqu'il arrive que les chevaux qui ont la courbature maligne et contagieuse viennent à être morveux, comme on ne connoît pas cette courbature, ni par conséquent sa marche, on les regarde, dans les commencemens qu'ils jettent, comme attaqués de la gourme. Prendre ainsi le change, c'est se mettre dans le cas de faire les fautes les plus graves dans la pratique. La courbature maligne et contagieuse, et la gourme, sont deux maladies qui exigent chacune des soins entièrement opposés. Car, comme celle-ci ne provient que d'une altération seulement accidentelle, causée par une surchage d'humeurs superflues, on doit tendre à faciliter à la nature la voie qu'elle se choisit pour faire avancer la sortie de ces humeurs par une évacuation salutaire. Dans l'autre, au contraire, résultante de la dépravation générale des fluides, il est intéressant de prévenir la morve qui menace, laquelle étant entretenue par leur mauvaise qualité, seroit habi-

tuelle et risqueroit souvent à être incurable. Quand des chevaux sont sur le point de jeter, il vous est facile de voir laquelle de la courbature maligne et contagieuse ou de la gourme, les y dispose. Dans la première de ces maladies, ils sont sans fièvre ; ils boivent et mangent à l'ordinaire; leur crin s'arrache aisément. Dans la seconde, plusieurs ont la fièvre, perdent l'appétit; mais le crin tient à tous dans l'état naturel, à moins qu'il n'y ait complication de courbature. A ces considérations, si vous joignez les suivantes, vous n'aurez pas à confondre à l'avenir ces deux affections. La courbature maligne et contagieuse commence ordinairement par n'attaquer que quelques chevaux d'une écurie ; quand bien même elle en attaqueroit simultanément la plupart, vous n'en verrez qu'un ou deux à la fois se préparer à jeter : d'autres ne le feront qu'au bout d'un certain temps, successivement, par exemple, trois ou six mois les uns après les autres; et la morve une fois établie dans cette écurie, y durera des années entières. Il n'en est pas ainsi de la gourme. Elle est le plus souvent universelle dans la même étable : les chevaux qui sont destinés à la jeter par les naseaux, le font tous presque ensemble, à huit ou quinze jours près; et lorsque le jet de la morve n'est pas dérangé, il se termine bientôt par la guérison,

Continuons notre sujet.

Si vos chevaux, malgré le bon soin que vous en avez et la bonne nourriture que vous leur donnez, restent toujours maigres, visitez-les, vous découvrirez que la courbature réside dans votre écurie.

S'ils semblent jouir d'une bonne santé, même s'ils sont gras, mais s'il en meurt de temps en temps, de diverses manières, très-souvent sans vous y attendre, et sans cause visiblement connue, croyez que cette maladie est également chez vous : vous la reconnoîtrez également aux signes que nous en avons donnés.

Enfin, dans toutes les écuries entachées d'un vice contagieux, les chevaux prennent cette courbature. Leur sang se corrompt, se dissout, ou il contracte un virus qui exerce sa malignité sous mille formes meurtrières.

Ayant reconnu la courbature maligne et contagieuse, à quelques-uns de vos chevaux, il s'agit, soit qu'ils jettent ou qu'ils ne jettent pas, qu'ils se tiennent en embonpoint ou qu'ils maigrissent, d'arrêter instamment cette maladie, afin d'en prévenir les suites désastreuses pour votre attelage. La première attention, et que vous ne devez jamais oublier, c'est de séparer les sains d'avec les malades, ceux qui ne jettent pas d'avec ceux qui jettent.

Traitement.

Au matin, l'estomac de vos chevaux étant vide, vous leur tirerez, en deux saignées faites à une demi-heure d'intervalle l'une de l'autre, environ quatre livres de sang. Vous en recevrez, à la fin de chaque saignée, plein une assiette, pour l'examiner étant refroidi. Ce sang sera de mauvaise qualité, souvent dissous et décoloré, mêlé de phlegmes et de pus. Mais s'il arrive, chez quelques sujets, qu'il se trouve à la seconde saignée, dans son état naturel, c'est une marque que la maladie n'est encore, chez ces sujets-là, que commençante. L'heure d'ensuite, vous ferez prendre à tous l'opium, de la manière suivante.

Mettez dans un vase quelconque un gros d'opium, et versez-y d'abord deux ou trois cueillerées d'eau chaude; frottez l'opium contre le vase, avec l'eau, pour le faire dissoudre. Continuez ainsi à frotter, et à verser peu à peu toute l'eau que vous avez à employer, qui doit être de deux verres.

Un picotin d'avoine, mouillé avec cette préparation, sera donné à chaque cheval, séparément ou en commun, mais ayant soin si c'est en commun, que l'un ne mange pas plus que l'autre. S'il y en a qui, par répugnance, ne veulent pas manger de cette avoine, ajoutez du son par-dessus pour les exciter. A ceux qui malgré cela sont encore degoûtés, vous pouvez choisir de leur faire prendre la préparation, ou simplement telle qu'elle est au moyen de la corne, ou en bols faits avec de la farine de bled et donnés au bout d'une spatule de bois.

Une demi-heure après, vous ne refuserez pa à vos chevaux leur nourriture ordinaire.

Après dîner, la digestion étant faite, vous recommencerez les saignées, et cela par le même trou que le matin; il ne s'agit que de le rouvrir avec la tête d'une épingle. Vous les répéterez de demi-heure en demi-heure, jusqu'à ce que vous ne voyez plus de phlegmes surnager sur le sang conservé, et qu'il paroisse avoir repris sa consistance et sa couleur. Dans des écuries de dix à vingt chevaux, tous attaqués de la courbature maligne et contagieuse, mon père saignoit, les uns deux, les autres trois, ceux-ci quatre, ceux-là huit, d'autres dix fois dans le même jour, c'est-à-dire, suivant que le sang de chaque cheval étoit plus ou moins dissous, et qu'il se raréfioit par la transpiration dans l'intervalle des saignées; et mon père opéroit par là des cures étonnantes.

Une demi-heure après la dernière saignée, et les trois ou quatre jours suivans au matin, vous administrerez ce remède :

Prenez égales parties de semence de nielle (1), de poudre cordiale, et de quatre semences chaudes. Pulvérisez, et mêlez le tout ensemble. La dose ordinaire pour un cheval est d'une once.

On fait prendre de semblables poudres dans l'avoine, en la mouillant, afin qu'en se mêlant avec, elles ne se perdent pas au fond de l'auge. L'on ajoute du son pour les chevaux que l'odeur pourroit détourner de manger. Quand on prévoit que cette précaution ne réussira point, il faut prendre le parti de transformer le médicament en pillules convenables, avec un peu d'eau et de farine, pour les administrer avec une spatule de bois.

Cependant, il ne faut pas faire faire diète

---

(1) La semence de la nielle qui croît dans les champs, parmi les moissons, (*nigella arvensis* LINN.) mise en poudre, est blanche; celle de la nielle d'Espagne, (*nigella hispanica*) qui se trouve dans les jardins, est noire. L'une et l'autre sont bonnes quant aux vertus; mais cette dernière est à préférer pour sa bonne odeur. Nous conseillons à ceux qui ont des chevaux de semer annuellement de la nielle d'Espagne, pour toujours en avoir au besoin.

Une demi-once de graine de nielle, pour dose, peut être employée seule, quand vous n'aurez pas sous la main la poudre cordiale, ni les quatre semences chaudes.

à vos chevaux : il est au contraire essentiel de les biens nourrir, particulièrement ceux qui sont maigres et débiles.

Il est des chevaux qui, au milieu des remèdes, gagnent de petites tranchées ; il leur faut des lavemens. Si elles ne s'appaisent pas, et qu'elles viennent à produire de la fièvre, en même temps que vous donnerez de nouveaux lavemens, saignez, et même plusieurs fois, si le cas l'exige. Vous ne devez avoir aucune appréhension ; cela vient des médicamens qui agissent ; en secondant leur action, il ne peut rien résulter de fâcheux.

En suivant avec exactitude cette méthode simple et facile, les chevaux déposeront, pour ainsi parler, le venin de leur maladie par chacune des voies naturelles. Vous les verrez transpirer abondamment, se purger par les selles et par les urines, quelquefois aussi, mais plus rarement, et par une morve simplement actuelle, jeter des naseaux et de la bouche : leur vieux poil tombera pour être renouvelé : leur crin se retrouvera tenant comme en santé : leurs yeux redeviendront vifs et ardens : enfin chaque animal reprendra avec une nouvelle vie, un embonpoint nouveau et une nouvelle vigueur.

Huit ou dix jours après, s'il se trouve des chevaux qui ne soient pas guéris, vous les traiterez de nouveau, en suivant exactement la même méthode.

Ceux qui jettent, et qui, après ce traitement répété, jetteront encore, (nous avons dit qu'il s'en trouve dont le jet dure des mois et des années), ceux-là doivent subir tous les deux ou trois mois le même traitement. Mais il faudroit bien connoître si la maladie est réellement guérissable. Il est difficile de porter là dessus un jugement certain. Les conseils suivans sont dictés sur l'observation.

Quand après avoir été traité comme nous venons de le tracer, un cheval ne jettera presque plus, sinon au travail étant échauffé, attendez sa guérison. Mais, au contraire, s'il persiste à jeter en quantité ; s'il vient à avoir de nouveau son sang vicié ; s'il retombe dans la courbature ou dans l'étisie ; si le pus qui coule de ses naseaux est de mauvais caractère, et s'il s'élève en diverses parties de son corps des boutons farcineux : dans chacun de ces cas, il est incurable, il doit être tué sans délai.

Il faut aussi vous défaire des chevaux fort âgés, sur qui vous aurez vainement tenté les moyens prescrits.

Il y a des chevaux qui jettent par habitude, lorsqu'ils travaillent ; leur morve est une matière blanchâtre, sans mauvaise odeur ; néanmoins s'ils ont la courbature vous devez les traiter :

traiter : ils risqueroient d'être ou de devenir contagieux, et la maladie seroit dans le cas de s'empirer et de s'invétérer. Mais s'ils n'ont pas la courbature, les remèdes sont superflus, leurs humeurs étant saines. Cette morve, qui d'ailleurs n'est aucunement embarrassante, ne fait que les entretenir dans leur bon état.

Ce n'est pas assez que de chercher à guérir directement la courbature maligne et contagieuse ; si vous n'en préveniez point le retour, en désinfectant tout ce qui a été exposé à recevoir les exhalaisons contagieuses du mal, le fléau seroit éternel. Il faut nettoyer exactement les écuries, ôter la terre de la superficie du sol pour en mettre de la nouvelle à sa place, blanchir avec de la chaux les murs que vous aurez eu le soin de gratter, bien laver les auges, les râteliers, les portes et fenêtres, les harnois, etc., et transporter ailleurs le fourage des fenils s'il y en a. Vous vous garderez bien de faire servir ce fourage de nourriture, avant que de l'avoir laissé quelque-temps à l'air libre. Vous devez aussi nettoyer la cour, après avoir conduit le fumier au loin ; voir si les eaux n'ont point pu participer de l'infection, étant croupissantes ; en ce cas, les renouveler. Nous recommandons particulièrement, quand cette maladie règne dans une écurie, et même jusqu'au bout d'un certain temps après qu'elle y aura cessé ses ravages, de faire manger deux fois la semaine à chacun de vos chevaux, une dose ordinaire du remède de la page 30. La bonne odeur de ce remède purifie l'air: la transpiration qu'il excite doit le purifier à son tour; et les chevaux, sur-tout, par son usage, prennent vigueur pour combattre avec succès le venin menaçant dans lequel ils respirent.

Dans tout cet article, les chevaux ont été les maîtres de mon père, et les seuls qu'il ait pu suivre. Par l'instinct de leurs symptômes, dit-il, ils lui ont appris à connoître la courbature maligne et contagieuse, et indiqué les moyens propres de guérison. Nous avons dit que quand ils se disposent à jeter, dans cette maladie, plusieurs ont des hémorrhagies. De là lui est venu l'idée d'employer la saignée, d'abord sur ceux-là, et ensuite, autorisé par des tentatives qui lui ont toujours réussi, indistinctement sur tous les autres. Il a craint long-temps, à la vérité, de la mettre en usage sur ceux qui jettent; mais il observoit que parmi ces chevaux, il y en avoit aussi qui venoient à saigner du nez, quelquefois même jusqu'à défaillance, et il voyoit souvent en résulter la cessation spontanée de la morve, et la cure radicale de la maladie: plus les saignemens étoient fréquens et considérables, plus il les trouvoit salutaires, à moins que ce ne fût dans le dernier degré, dans lequel ils devoient annoncer la mort. Il a donc saigné, l'analogie a dû le conduire là; et sa méthode, généralisée enfin sur tous, mais variée d'après l'état particulier de chaque individu, et combinée avec les autres remèdes auxiliaires, l'a pleinement dédommagé du long cercle d'essais, plus ou moins infructueux, qu'il avoit auparavant pu parcourir.

DERNIÈRES OBSERVATIONS SUR LA MORVE, ET CONCLUSION DE CE MÉMOIRE.

Quand quelqu'un achète un cheval, et que le même jour ou le lendemain il s'aperçoit qu'il jette, pour le faire reprendre par justice au vendeur, il faut qu'il le fasse visiter par des experts. Mais il arrive très-souvent des contestations entre ceux-ci, les uns jugeant que le cheval est morveux, les autres qu'il ne l'est pas, mais qu'il jette seulement d'une mauvaise gourme. Alors, les parties procèdent; on nomme d'autres experts; ils se contredisent encore. Cela vient de ce qu'on manque d'idées fixes pour donner une bonne décision. En voici qui ne sont pas variables.

Nous avons dit que tout cheval qui jette est morveux, et nous avons divisé la morve, en morve actuelle et en morve habituelle. Le nom de morve n'est rien ; la morve actuelle n'est rien non plus. Mais que tout cheval ayant la morve habituelle, soit rédhibitoire. Ainsi, dans les cas supposés, il n'est jamais difficile de tout arranger amiablement. Par exemple, si le vendeur prétend que son cheval ne jette que par la gourme, qu'il puisse obtenir quinzaine pour lui. Il ne jettera plus au bout de ce temps; ou s'il jette encore, gourmeux ou non, il n'a pas une morve bénigne, une morve actuelle, mais une morve suspecte, une morve habituelle. Qu'alors le vendeur soit forcé de le reprendre.

Souvent beaucoup de ces experts, dans l'opinion que les chevaux qui jettent ne sont proprement morveux que quand ils ont des abcès ou des ulcères à la tête ou dans le corps, et ne pouvant s'accorder dans leurs jugemens contradictoires au sujet de ceux pour lesquels ils sont appelés, décident de les tuer aux dépens du tort, pour en faire l'ouverture. S'ils avoient des principes, ils s'accorderoient bientôt, sans recourir à ce moyen, d'autant plus odieux, qu'il est étranger au but de leurs recherches. Ils verroient que ce but est uniquement de savoir si le cheval qui jette est contagieux. Or, c'est ce qu'ils décideroient, sans s'enquérir d'abcès ni d'ulcères intérieurs, supposés ou réels. La gourme communique sa maladie, elle est contagieuse. Mon père a guéri des chevaux qui jetoient depuis long-temps, et ces chevaux avoient communiqué leur mal à d'autres qu'il n'a pu guérir ; il a fallu tuer ceux-ci, quoiqu'ils n'aient commencé à jeter que depuis peu : à l'ouverture des corps, les poumons se sont trouvés ulcérés. Il est probable que les premiers, qui ont été guéris par mon père, n'avoient rien de gâté à l'intérieur ; mais, comme vous voyez, ils étoient contagieux ; donc, si on étoit venu à les vendre en cet état, ils eussent dû être rédhibitoires ; et, cependant, eussent-ils été jugés tels, d'après le mode en usage? Aussi devez-vous vous convaincre qu'il n'y en a pas d'autre à suivre que celui que nous venons d'indiquer.

Il reste une observation à faire ; c'est que les experts qui sont requis pour visiter des écuries infectées de morve, se montrent un peu plus scrupuleux qu'ils ne l'ont été jusqu'ici à condamner à la mort des chevaux morveux. S'il est bon d'être sévère, ce n'est que lorsque l'incurabilité est manifeste. Ci-devant, on décidoit l'incurabilité par routine ; désormais, on la décidera par principe (Voyez l'article précédent). Les résultats, sans doute, ne vont plus se ressembler. Autrefois on ne savoit qu'assommer sans pouvoir guérir, qu'humilier l'art en le méconnoisant; aujourd'hui, on saura guérir et l'on n'assommera plus, on glorifiera l'art en profitant de toutes ses ressources.

Mais, il faut le dire, n'étoit-il pas réellement honteux de ne point pouvoir arrêter les progrès d'une maladie par la science qu'on professe, mais seulement par des arrêts de mort? Je suis rustique et franc; et c'est bien pis encore, quand d'aucuns viennent joindre l'ineptie à l'ignorance. Lorsque mon père voulut offrir à l'ancien gouvernement le résultat de ses observations particulières sur la morve, il lui fut répondu, d'après l'avis de certains artistes qui, alors, avoient intendance en médecine vétérinaire, qu'il étoit impossible d'assigner jamais de traitement efficace à cette maladie.... Impossible!... Mais tandis que le savant présomptueux pose ainsi des bornes à l'invention, la nature le contredit, et révèle ses secrets à l'humble paysan qui l'écoute.

Le législateur de l'art de guérir a dit: « *Nec* « *pigeat ex plebeis sciscitari, si quid ad curandi* « *rationem conferre visum fuerit. Sic enim* « *censeo artem universam fuisse commons-* « *tratam.* » Quel étonnant contraste entre Hippocrate dictant ce précepte sensé, et ces hommes exclusifs éconduisant mon père par leur décision magistrale!

Cependant il est mort! ... Et ses découvertes seroient ensevelies avec lui, si, voyant qu'il n'avoit plus d'espoir de les faire valoir de son vivant, il n'avoit consacré ses derniers jours à les mettre en écrit pour les lui faire survivre. Et combien de connoissances et d'observations indescriptibles, qu'il possédoit et qu'il n'a pu transmettre, mais que l'on auroit pu saisir en le suivant dans sa pratique! Voilà ce qu'on risquoit de perdre d'un côté, et ce qu'on a réellement perdu de l'autre, et voilà des jeux pour l'égoïste! l'humanité n'est plus un sentiment, ni le patriotisme un devoir. Il se fait le centre de tout, et se rapporte tout; il sacrifieroit, il engloutiroit tout pour se satisfaire.

Environ trois semaines avant sa mort, qu'il pressentoit prochaine, quoique non encore attaqué de la maladie rapide qui le mit au tombeau, mon père m'écrivit, à moi le plus jeune de ses enfans, qui avois à peine vingt ans, qui étois à deux cents lieues de la maison, une lettre qui d'un bout à l'autre ne renfermoit que le sentiment qui a inspiré ces mots de Didon : « *Exoriare... nostris ex ossibus* « *ultor.* » O mon père, ce ne sera pas vainement que votre prédilection m'aura légué le soin d'une vengeance auguste! Le jour de sa consommation est proche. Oui, j'ose l'avancer sans crainte, et les rabâcheurs qui m'entourent ne me déconcerteront pas avec leurs sourires prémédités ; oui, on dira de mon père que si la médecine vétérinaire n'eût pas existé, il en eût été le créateur. On verra si, dans ce qui regarde la morve, il n'a pas proprement créé les premières et seules armes efficaces pour la combattre ; on verra si par-tout, dans ses observations, ne respire pas le génie de la nature, n'est pas empreint le cachet de la vérité ; on verra si ces observations, sorties d'une forge villageoise, écrites d'une main uniquement formée à manier le marteau, conçues par un esprit qui sembloit tout au plus destiné à combiner mécaniquement la meilleure fabrication d'un fer à cheval ; enfin, on verra si ces observations et l'auteur de ces observations, indignement méconnus et persécutés dans l'ancien régime, ne vont pas, dans le nouveau, devenir une propriété nationale, oui, une propriété nationale, par la juste et irrésistible influence de la révolution de notre patrie, où les choses et les personnes, mises désormais à leur véritable place, jouiront sans nuage, les unes de toute la latitude du prix, les autres de tous les bienfaits de l'estime dont elles se trouveront réciproquement dignes.

FIN.

www.ingramcontent.com/pod-product-compliance
Ingram Content Group UK Ltd.
Pitfield, Milton Keynes, MK11 3LW, UK
UKHW021002180726
13838UKWH00003B/1425